Über die Anregung und die Temperaturbeeinflussung zusammengesetzter Photokathoden bei tiefen Temperaturen.

Von der Technischen Hochschule zu Breslau
zur Erlangung der Würde eines Doktor-Ingenieurs
genehmigte

Dissertation

vorgelegt von

Dipl.-Ing. Albrecht Mittmann

aus Breslau.

*

Referent: Prof. Dr. rer. techn. R. Suhrmann.
Korreferent: Prof. Dr. phil. E. Waeßmann.
Tag der mündlichen Prüfung: 2. 3. 1937.

Sonderdruck aus „Zeitschrift f. Physik" 111. 1938. 18.

ISBN 978-3-662-31325-1   ISBN 978-3-662-31530-9 (eBook)
DOI 10.1007/978-3-662-31530-9

Über den Ursprung der an zusammengesetzten Photokathoden beobachteten mehrfachen spektralen Maxima auf Grund von spektralen Empfindlichkeitskurven bei 293⁰ und bei 83⁰ abs.

Von R. Suhrmann und A. Mittmann[*]) in Breslau.

Mit 17 Abbildungen. (Eingegangen am 8. August 1938.)

Es werden die spektralen Empfindlichkeitskurven von Photokathoden der Zusammensetzung Na-NaH-Na; K-KH-K; Cs-CsH-Cs; Na-Naphthalin; Na-Naphthalin-Na; K-Naphthalin; K-Naphthalin-K; Cs-Naphthalin; Cs-Naphthalin-Cs; Na-Anthracen; Na-Anthracen-Na; K-Anthracen-K bei 293⁰ abs. und 83⁰ abs. gemessen. Bei allen Kathoden der Zusammensetzung Alkalimetall-Zwischensubstanz-Alkalimetall tritt ein „langwelliges" spektrales Maximum auf, dessen Lage für das Alkalimetall charakteristisch ist und das sich bei Abkühlung nach kurzen Wellen verschiebt. Die Kathoden mit Naphthalin als Zwischensubstanz zeigen außer dem langwelligen noch ein „kurzwelliges" Maximum, das auch bei den Kathoden der Zusammensetzung Alkalimetall-Naphthalin vorhanden ist, und dessen Lage unabhängig vom Alkalimetall ist und bei Abkühlung nicht verändert wird. Bei Anthracen als Zwischensubstanz treten an Stelle dieses Maximums mehrere Maxima auf, die bei den Natrium- und Kaliumkathoden nur wenig gegeneinander verschoben sind. Das kurzwellige bzw. die kurzwelligen Maxima sind für die Zwischensubstanz charakteristisch. — Während die langwelligen Maxima dem an der Oberfläche adsorbierten, fein verteilten Alkalimetall zugeschrieben werden müssen, sind die kurzwelligen Maxima inneren Zentren in der Zwischensubstanz zuzuordnen. Sie kommen durch das Zusammenwirken der Zwischensubstanz und eindiffundierter Alkaliatome zustande.

1. Problemstellung.

Zusammengesetzte lichtelektrische Kathoden, deren Oberfläche nach dem Schema *Trägermetall-Zwischensubstanz-atomar verteiltes Alkalimetall*[1]) aufgebaut ist, zeigen häufig mehrere spektrale Maxima. Koller[2]) sowie Young und Pierce[3]) beobachteten an Silber-Silberoxyd-Caesium-Kathoden zwei Maxima bei 700 bis 740 mμ und bei 370 mμ. Kluge[4]) sowie Fleischer und Görlich[5]) stellten außerdem ein drittes Maximum bei 290 mμ fest, Kluge[6]) noch ein viertes bei 240 mμ. Da in den genannten Arbeiten das

---

[*]) D. 85. 1. Teil.
[1]) R. Suhrmann, Phys. ZS. **32**, 216, 1931; ZS. f. Elektrochem. **37**, 678, 1931; ZS. f. wissenschaftl. Photographie **30**, 161, 1931; N. R. Campbell in Photoelectric Cells and their Applications, London 1930. — [2]) L. R. Koller, Phys. Rev. **36**, 1642, 1930. — [3]) T. F. Young u. W. C. Pierce, Journ. opt. Soc. Amer. **21**, 497, 1931. — [4]) W. Kluge, Phys. ZS. **34**, 844, 1933. — [5]) R. Fleischer u. P. Görlich, Phys. ZS. **35**, 289, 1934. — [6]) W. Kluge, ZS. f. Phys. **95**, 734, 1935; **93**, 636, 1935.

atomar verteiltes Alkalimetall stets auf das Oxyd des andersartigen Trägermetalls [Silber, Kupfer[1]), Gold[1]), Nickel[1])] aufgebracht wurde, ist anzunehmen, daß sich hierbei *Alkalioxyd* mit ein- und aufgelagerten *Alkalimetallatomen* bildete und daß die Gestalt der Empfindlichkeitskurve hierdurch, sowie z. T. durch die optischen Eigenschaften des Trägermetalls bedingt war. Wie weit das Alkalimetall, sein Oxyd und das Trägermetall für die Lage und Gestalt der einzelnen Maxima verantwortlich sind, kann man aus den Messungsergebnissen nicht eindeutig feststellen. Die Versuche von Kluge[1]) bestätigen jedoch frühere Ergebnisse[2]), nach denen das „langwellige" Maximum, das für Kalium bei etwa 420 bis 460 mμ liegt, dem *außen* adsorbierten Alkalimetall zugeschrieben werden muß, während die im ultravioletten Spektrum auftretenden Maxima durch *tiefer* liegende Zentren hervorgerufen werden.

Auch diese Zentren entstehen vermutlich durch die Gegenwart von Alkaliatomen, denn die ihnen zuzuschreibenden Maxima treten auch dann auf, wenn als Trägermetall das kompakte Alkalimetall selbst dient. Versuche mit solchen Kathoden wurden von Suhrmann[2]) und Dempster[3]) ausgeführt, unter Verwendung von Kaliumoberflächen, auf die als Zwischensubstanz Naphthalin in dünner Schicht aufgedampft war. Auf der Naphthalinhaut befand sich atomar verteiltes Kalium. Außer dem *langwelligen* Kaliummaximum bei 434 mμ, das erst *nach* dem Aufdampfen des atomar verteilten Kaliums auftrat, wurde ein *kurzwelliges* Maximum bei 290 mμ beobachtet, dessen Höhe auf Kosten des langwelligen im Laufe einiger Wochen beträchtlich zunahm.

Da die Zwischensubstanz bei den genannten Photokathoden unter Beibehaltung des Alkalimetalls variiert werden kann, besteht die Möglichkeit zu untersuchen, wie weit sie am Zustandekommen der kurzwelligen Maxima beteiligt ist. Im folgenden berichten wir über Versuche, bei denen als Zwischensubstanzen Naphthalin, Anthracen, Natrium-, Kalium- und Caesiumhydrid, als Alkalimetalle Natrium, Kalium und Caesium verwendet wurden. Die Empfindlichkeitskurven nahmen wir im allgemeinen bei Zimmertemperatur (293⁰ abs.) und bei der Temperatur der flüssigen Luft (83⁰ abs.) auf.

---

[1]) W. Kluge, ZS. f. Phys. **95**, 734, 1935; **93**, 636, 1935; insbesondere die Bemerkung am Schluß der letzteren Arbeit. — [2]) R. Suhrmann, Phys. ZS. **32**, 216, 1931; ZS. f. Elektrochem. **37**, 678, 1931; Ergebn. d. exakt. Naturw. **13**, 195 u. 196, 1934. — [3]) R. Suhrmann u. D. Dempster, Phys. ZS. **35**, 148, 1934; ZS. f. Phys. **94**, 742, 1935.

2. Versuchsanordnung.

Die benutzte *Photozelle* ist in Fig. 1 abgebildet. Sie ist ähnlich der von Suhrmann und Dempster[1]) verwendeten und besteht aus Quarz- und Wolframglas[2]), die durch Übergangsgläser miteinander verbunden sind. Schliffe und Kittstellen sind nicht vorhanden. A und A' sind die Quarzfenster für den Lichteintritt. Der Raum zwischen ihnen ist gesondert evakuiert. Er verhindert ein Beschlagen des eigentlichen Zellenfensters A' beim Eintauchen der gesamten Zelle in flüssige Luft. Bei B sind die Zuführungen der aus einem elektrisch heizbaren Wolframdraht S bestehenden Anode, bei C ist die Kathodenzuführung eingeschmolzen. Die an die Glaswandung angeschmolzene Platinfolie P, sowie eine Versilberung oder ein Überzug mit kolloidalem Graphit vermitteln den Kontakt mit dem Kathodenmetall.

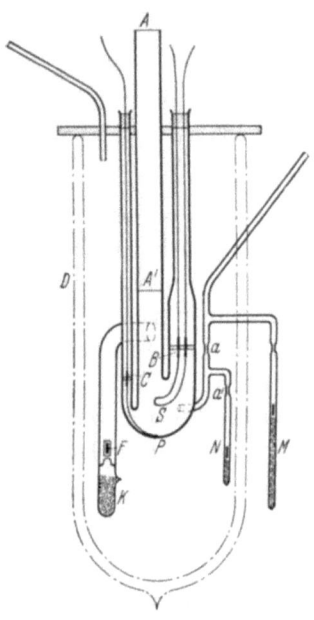

Fig. 1. Photozelle.

Bei der *Vorbereitung eines Versuches* wurde die Zelle zunächst an der Hochvakuumapparatur gründlich ausgeheizt und darauf das in M befindliche Alkalimetall nach dem Zertrümmern des Zerschlageventils in kompakter Form eindestilliert. Darauf zertrümmerten wir das Zerschlageventil der Zwischenschichtsubstanz in N und ließen diese vorsichtig verdampfen unter Beobachtung der lichtelektrischen Empfindlichkeit der Kathodenoberfläche für sichtbares Licht, die stark abnahm. Um den überschüssigen Dampf zu beseitigen, wurde N hierauf mit flüssiger Luft eingekühlt und dann bei a' abgeschmolzen. Zum Schluß wurde bei einigen Versuchen auf die Zwischenschicht noch eine (unsichtbare) Spur Alkalimetall aufgebracht, wobei die Empfindlichkeit wieder beträchtlich anwuchs. Jetzt schmolzen wir die Photozelle bei a ab und zertrümmerten das Ventil,

---

[1]) R. Suhrmann u. D. Dempster, ZS. f. Phys. **94**, 742, 1935. — [2]) Für das uns von der Firma Osram, Zweigniederlassung Weisswasser O.-L. zur Verfügung gestellte Wolframglas, sowie für das von der Firma J. D. Riedel-E. de Haen überlassene Hydro-Kollag sagen wir an dieser Stelle unseren verbindlichsten Dank.

welches die getrennt ausgeheizte Adsorptionskohle in K absperrte, mit dem Eisenkern F. Das Rohr K wurde darauf in flüssige Luft getaucht. Diente Alkalihydrid als Zwischensubstanz, so wurde die Kathodenoberfläche in bekannter Weise durch eine Glimmentladung in Wasserstoff hydriert, der durch ein mit einer Wasserstoffflamme erhitztes Palladiumröhrchen in die Vakuumapparatur eindiffundiert war[1]).

Die Abkühlung der Zelle auf die Temperatur der flüssigen Luft geschah durch Überschieben eines gefüllten Dewar-Gefäßes. Um Aufladungen beim Eintauchen zu vermeiden, war die gesamte Photozelle mit einer geerdeten Umhüllung aus dünnem Kupferblech und Stanniol umgeben.

Bei der Aufnahme der *spektralen Empfindlichkeitskurven* wurde das aus einem Quarzmonochromator austretende doppelt spektral zerlegte Licht mit Hilfe eines umlenkbaren rechtwinkligen Quarzprismas entweder in die senkrecht stehende Meßzelle oder in eine Vergleichszelle geleitet und der Photostrom nach der Kondensator-Nullmethode[2]) mit Hilfe eines Fadenelektrometers gemessen. Die Spaltbreite des Monochromators betrug 0,1 bis 0,8 mm. Als Lichtquelle diente eine Quarzquecksilber- oder eine Wolframwendellampe mit Quarzfenster.

Wie früher festgestellt wurde[3]), ist die Empfindlichkeit der untersuchten Photokathoden nur bei Zimmertemperatur von der Bestrahlung unabhängig; bei der Temperatur der flüssigen Luft nimmt sie an den Stellen der spektralen Maxima ab, wenn die Kathoden mit dem Licht dieser Maxima bestrahlt werden. Dieser *„angeregte Zustand"* der Kathoden geht jedoch bei nachfolgender Bestrahlung mit rotem Licht in den ursprünglichen normalen zurück. Aus diesem Grunde erhält man bei den genannten zusammengesetzten Photokathoden bei tiefen Temperaturen nur dann die reproduzierbaren Werte des normalen *unangeregten* Zustandes, wenn man sie nach jedem Meßpunkt genügend lange mit *rotem Licht* bestrahlt und die zur Messung verwendete Lichtintensität möglichst klein wählt. Dies geschah bei den im folgenden geschilderten Versuchen. Um die Reproduzierbarkeit des Temperatureinflusses zu prüfen, wurde außerdem entweder die bei tiefer Temperatur aufgenommene Meßreihe von zwei bei Zimmertemperatur

---

[1]) Nach Abschluß der Arbeit wurde im Institut festgestellt, daß man den reinsten Wasserstoff dann erhält, wenn man das Palladiumröhrchen mit einem an das Glasrohr angeschmolzenen Glasmantel umgibt, durch den Wasserstoff strömt, während das Ende des Palladiumröhrchens mit Hilfe eines kleinen elektrischen Ofens auf Rotglut geheizt wird. Der Wasserstoff wird in der Nähe der Palladiumeinschmelzstelle zugeführt, um ein Überheizen dieser Stelle zu verhindern. — [2]) Vgl. Simon-Suhrmann, Lichtelektrische Zellen, Berlin 1932, S. 136. — [3]) R. Suhrmann u. D. Dempster, l. c.

erhaltenen Versuchsreihen eingeschachtelt oder umgekehrt. Die bei der gleichen Temperatur gefundenen Meßpunkte fielen dann stets innerhalb der Fehlergrenzen zusammen, wie man in Fig. 3 und 4 erkennt, in denen die Werte zweier einschachtelnder Meßreihen bei Zimmertemperatur bzw. der Temperatur der flüssigen Luft eingetragen wurden.

3. Versuchsergebnisse und ihre Deutung.

a) Hydrierte Natrium-, Kalium- und Caesiumkathoden. Nach Suhrmann und Dempster unterscheiden sich die beiden an Kalium-Naphthalin-

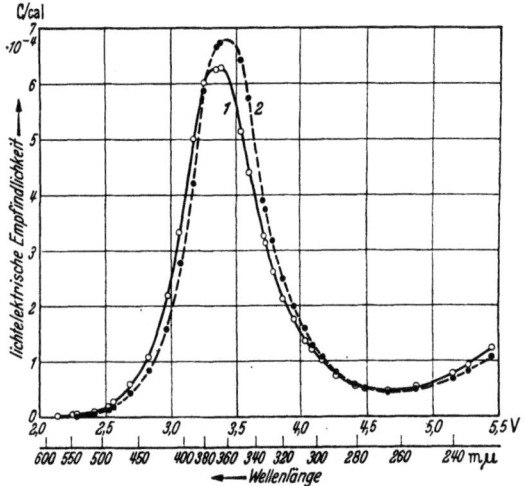

Fig. 2. Spektrale Empfindlichkeitskurve einer hydrierten Natriumkathode bei 293° abs. (1) und 83° abs. (2).

Kalium-Kathoden beobachteten spektralen Maxima dadurch, daß das langwellige (430 mμ) durch Abkühlung von 293° auf 83° abs. eine *Verschiebung* um 10 mμ (0,07 Volt) nach kurzen Wellen hin erleidet, während das kurzwellige (290 mμ) nicht merklich verschoben wird, sondern bei tieferen Temperaturen nur steiler hervortritt. Da das beim *Hydrieren* von Kaliumkathoden auftretende spektrale Maximum an ungefähr der gleichen Stelle des Spektrums liegt, wie das langwellige Maximum der K-Naphthalin-K-Kathoden, sollte zunächst festgestellt werden, ob das erstere und das analoge Maximum bei einer Na-Natriumhydrid-Na-Kathode ebenfalls eine Temperaturverschiebung erfahren.

Die Fig. 2 und 3 zeigen das Ergebnis. Man erkennt, daß das Maximum in beiden Fällen durch die Abkühlung auf 83° abs. nach kurzen Wellen

Mehrfache spektrale Maxima an zusammengesetzten Photokathoden usw. 23

verschoben wird; das bei 365 mµ (3,38 Volt) gelegene Maximum der Na-NaH-Na-Photokathode um 6,3 mµ (0,06 Volt), das bei 427 mµ (2,89 Volt) gelegene Maximum der K-KH-K-Photokathode um 11 mµ (0,08 Volt).

Die gleiche Erscheinung beobachteten wir (Fig. 4), wenn wir Kalium in unsichtbaren Spuren auf eine leitende Oberfläche aufbrachten, die durch Aufstreichen von kolloidalem Graphit auf der Innenwandung der Photozelle hergestellt wurde[1]). Das Maximum liegt jetzt bei 458 mµ (2,69 Volt) und wird durch die Abkühlung um 11 mµ (0,07 Volt) nach kurzen Wellen verschoben[2]).

Der *Verschiebungseffekt* des spektralen Maximums ist also in den Fällen zu beobachten, in denen eine *atomare Verteilung* von Kalium oder Natrium an der *Oberfläche* der zusammengesetzten Kathode anzunehmen ist. Er liegt bei den verschiedenen Kalium- und Natriumkathoden in der gleichen Größe.

Eine Cs-CsH-Cs-Kathode, bei der das *kompakte* Caesium auf kolloidalem Graphit aufgebracht war, besaß außer der Andeutung eines Maximums im roten Teil des Spektrums noch ein spektrales Maximum bei 353 mµ (3,50 Volt), in Übereinstimmung mit den Ergebnissen von Kluge[3]). Das von diesem außerdem beobachtete Maximum bei 280 mµ konnten wir jedoch nicht feststellen. Das Maximum bei 353 mµ zeigte ebenfalls beim Einkühlen auf die Temperatur der flüssigen Luft den Verschiebungseffekt nach kurzen Wellen (Fig. 5). Die Verschiebung beträgt 8 mµ (0,08 Volt).

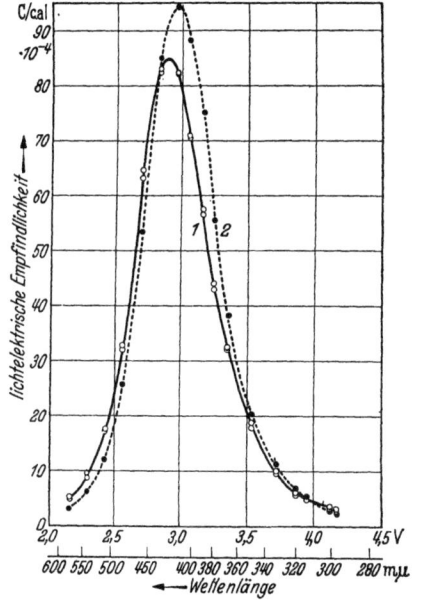

Fig. 3. Spektrale Empfindlichkeitskurve einer hydrierten Kaliumkathode bei 293⁰ (1) und 83⁰ abs. (2).

---

[1]) Die mit der Graphitschicht versehene Zelle wurde vor dem Aufdampfen des Kaliums an der Pumpe gründlich ausgeheizt. — [2]) Für die an dieser Kathode beobachteten niedrigen Maxima im Ultraviolett und ihre starke Temperaturbeeinflussung haben wir noch keine Erklärung. — [3]) W. Kluge, ZS. f. Phys. 93, 636, 1935.

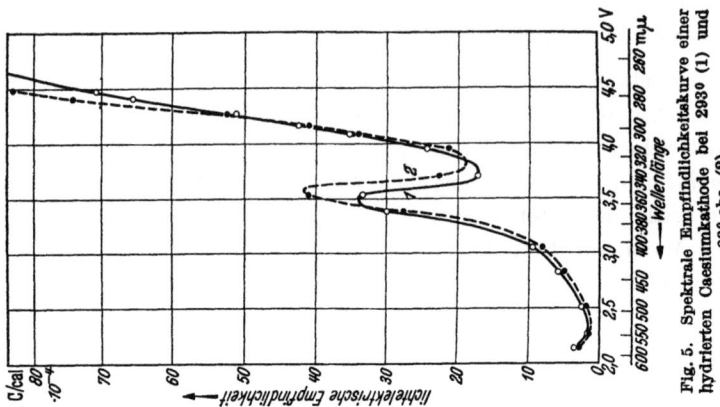

Fig. 5. Spektrale Empfindlichkeitskurve einer hydrierten Caesiumkathode bei 293° (1) und 83° abs. (2).

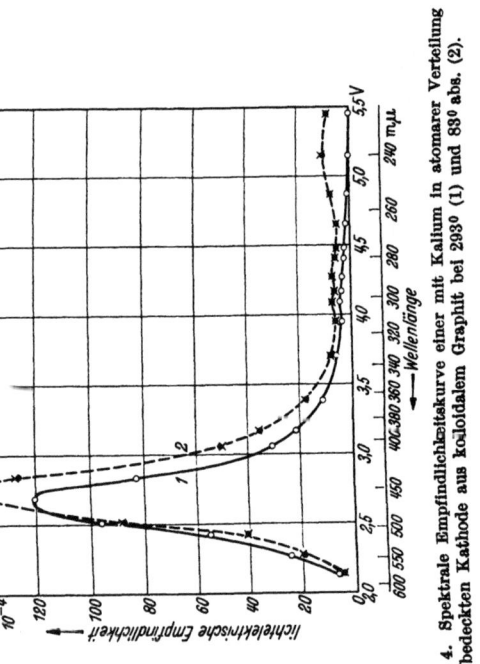

Fig. 4. Spektrale Empfindlichkeitskurve einer mit Kalium in atomarer Verteilung bedeckten Kathode aus kolloidalem Graphit bei 293° (1) und 83° abs. (2).

b) *Natrium-, Kalium- und Caesiumkathoden mit Naphthalin als Zwischensubstanz.* In einer früheren Untersuchung[1]) war eine Kalium-Naphthalin-Kalium-Kathode in der Weise hergestellt worden, daß auf das kompakte Alkalimetall solange Naphthalin aufgedampft wurde, bis die Empfindlichkeit für blaues Licht stark abgesunken war. Auf die Naphthalinschicht wurde dann eine Spur Kalium aufgedampft, wodurch ein spektrales Maximum bei 434 mµ entstand, das dem an der *Oberfläche* adsorbierten,

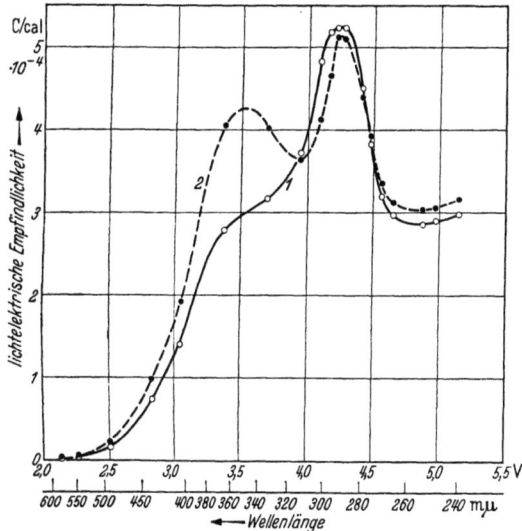

Fig. 6. Spektrale Empfindlichkeitskurve einer mit Naphthalin bedeckten Natriumkathode (1) und einer Natrium-Naphthalin-Natrium-Kathode (2).

fein verteilten Kalium zugeordnet wurde. Ein bei 290 mµ gefundenes spektrales Maximum wurde den durch Eindiffundieren von Kalium in die Naphthalinschicht entstandenen *inneren Zentren* zugesprochen, da das langwellige Maximum im Laufe einiger Monate abnahm und das kurzwellige währenddem beträchtlich anwuchs. Um diese Deutung noch weiter zu prüfen, stellten wir einige Versuche an, bei denen wir Naphthalin als Zwischensubstanz, Kalium, Natrium oder Caesium als Trägermetall bzw. als disperse Phase verwendeten.

Bei dem ersten Versuch wurde auf eine *Natrium*oberfläche eine Spur Naphthalin aufgedampft. Die Empfindlichkeitskurve (Kurve 1 in Fig. 6) zeigte nur ein spektrales Maximum bei 291 mµ (4,25 Volt). Brachte man nun

---

[1]) R. Suhrmann u. D. Dempster, l. c.

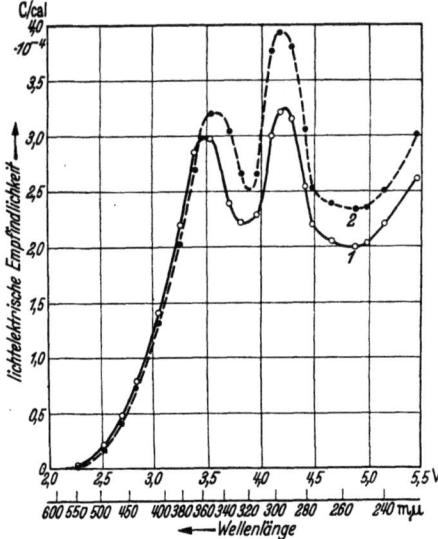

Fig. 7. Spektrale Empfindlichkeitskurve einer Na-Naphthalin-Na-Kathode bei 293° (1) und 83° abs. (2).

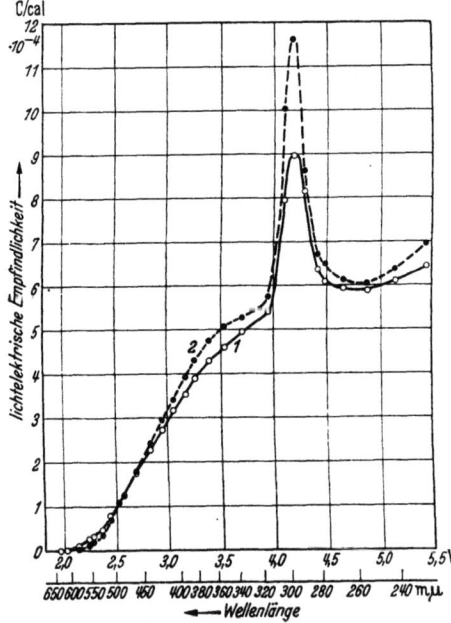

Fig. 8. Spektrale Empfindlichkeitskurve einer mit Naphthalin bedeckten Caesiumkathode bei 293° (1) und 83° abs. (2).

etwas Natriumdampf auf die Oberfläche, so entstand ein weiteres Maximum bei 349 mμ (3,54 Volt); das kurzwellige bei 291 mμ blieb erhalten. An etwa der gleichen Stelle (365 mμ) wie das langwellige Maximum liegt nun auch das an *hydrierten* Natriumkathoden gefundene spektrale Maximum. In gleicher Weise wie die an der Hydrid- bzw. Naphthalinoberfläche adsorbierten Kaliumatome rufen also auch die dort adsorbierten Natriumatome ein langwelliges spektrales Maximum hervor.

Auch die *Temperaturbeeinflussung* dieses Maximums ist in allen Fällen die gleiche, wie man an Fig. 7 erkennt. Das langwellige Natriummaximum wird durch Abkühlung von 293° auf 83° abs. um 9 mμ (0,00 Volt) verschoben. Das kurzwellige Maximum dagegen bleibt unverändert an derselben Stelle und verhält sich also in gleicher Weise wie das kurzwellige Maximum (bei 290 mμ) der K-Naphthalin-K-Kathoden. In beiden Fällen wird es offenbar durch gleichartige Zentren innerhalb der Naphthalinschicht, wahrscheinlich durch eindiffundierte Alkaliatome, hervorgerufen.

Im zweiten Versuch diente *Caesium* als Trägermetall und disperse Phase. Zunächst wurde auf die Metalloberfläche eine Spur Naphthalin aufgebracht. Die Empfindlichkeitskurve (Fig. 8) wies nun ein Maximum bei 294 mμ (4,20 Volt) auf, das sich bei Abkühlung nicht verschob, sondern nur schärfer hervortrat. Durch das Aufdampfen von Caesium auf die Cs-Naphthalin-Kathode entstand ein zweites *längerwelliges* Maximum bei 349 mμ (3,54 Volt) (Fig. 9), das offenbar denselben Zentren zugeschrieben werden muß wie das an den hydrierten Caesiumkathoden bei 353 mμ (3,50 Volt) beobachtete. Wie dieses verschiebt es sich bei Abkühlung nach kurzen Wellen, und zwar um 6 mμ (0,06 Volt).

Das *kurzwellige* Maximum liegt nach dem Aufdampfen des Caesiums bei 294 mμ (4,20 Volt). Seine Lage ist also unverändert;

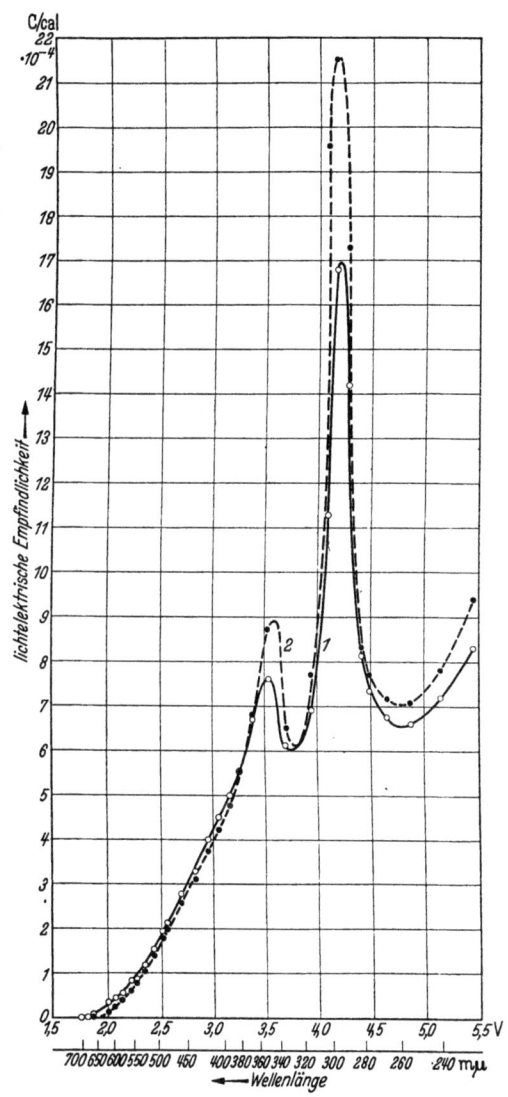

Fig. 9. Spektrale Empfindlichkeitskurve bei 293⁰ (1) und 83⁰ abs. (2) der Kathode in Fig. 8 nach dem Aufdampfen einer geringen Menge Caesium.

es tritt aber wesentlich steiler hervor. Offenbar diffundieren die Caesiumatome leichter in die Naphthalinschicht ein als die Natriumatome, so daß beim Aufdampfen des Caesiums auch die Zahl der Zentren innerhalb der Zwischensubstanz vergrößert wird. Bei Abkühlung verhält sich dieses Maximum wie das kurzwellige Maximum der Na-Naphthalin-Na- und der K-Naphthalin-K-Kathode.

Schließlich dampften wir auf die Cs-Naphthalin-Cs-Oberfläche wieder eine stärkere *Naphthalin*schicht auf. Die Empfindlichkeit sank hierdurch beträchtlich ab (Fig. 10). Das langwellige Maximum bei 349 mµ verschwand vollständig, an der Stelle des kurzwelligen bei 294 mµ ist nur noch ein schwacher Absatz zu bemerken. Das Verschwinden des langwelligen Maximums ist offenbar so zu deuten, daß es durch an der Oberfläche der Zwischensubstanz befindliche Caesiumatome hervorgerufen wird, die beim Aufdampfen des Naphthalins in tiefere Schichten gelangen. Außerdem werden durch das Aufdampfen des Naphthalins aber auch die inneren Zentren zerstört, denn das kurzwellige Maximum verschwindet ebenfalls. Es bleibt nur noch der kontinuierliche Untergrund derjenigen Elektronen, die aus dem tiefer liegenden kompakten Caesium stammen. Da das sie auslösende Licht von der Stelle ab, an der das Naphthalin zu absorbieren beginnt, also von etwa 300 mµ ab, durch die Naphthalinschicht geschwächt wird, steigt die Empfindlichkeitskurve von 300 mµ ab schwächer an als bei längeren Wellen, die von dem Naphthalin nahezu ungeschwächt hindurchgelassen werden.

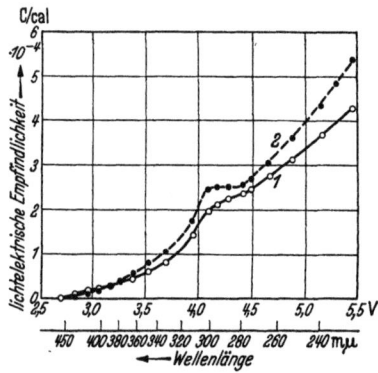

Fig. 10. Spektrale Empfindlichkeitskurve der Kathode in Fig. 9 nach dem Aufdampfen einer weiteren stärkeren Naphthalinschicht.

Die Caesiumversuche zeigen deutlich, daß das bei allen Alkalimetall-Naphthalin-Kathoden auftretende kurzwellige Maximum bei etwa 290 mµ durch *Alkaliatome* hervorgerufen wird und nicht etwa dadurch, daß die Naphthalinzwischenschicht das auffallende Licht selektiv hindurchläßt, so daß an dem Alkaliträgermetall Elektronen selektiv ausgelöst würden. Die *Zwischensubstanz* muß bei der Entstehung dieses Maximums allerdings auch eine entscheidende Rolle spielen, denn das Maximum liegt bei Verwendung von Na, K und Cs an ungefähr der *gleichen* Stelle und wird, wie die im Abschnitt c) besprochenen Versuche zeigen werden, in seiner Gestalt durch die Zwischensubstanz maßgebend beeinflußt.

Die Gestalt des kurzwelligen und die Lage des langwelligen Maximums ist namentlich bei Verwendung sehr geringer Mengen aufgedampften Alkalimetalls unmittelbar nach dem Aufdampfen noch Änderungen unterworfen und auch von der Menge des dispersen Alkalimetalls abhängig. Dies zeigen die in Fig. 11 bis Fig. 14 geschilderten Versuche, bei denen Kalium als Trägermetall und disperse Phase, Naphthalin als Dispersionsmittel dienten. Das kurzwellige Maximum scheint in Fig. 11 und Fig. 12 (angedeutet) noch eine Unterteilung aufzuweisen. Das langwellige Maximum liegt in Fig. 12 unmittelbar nach dem Aufdampfen einer sehr geringen Menge Kalium bei etwa 340 mµ und verlagert sich in 9 Tagen bis 400 mµ (Fig. 13). Nach dem Aufdampfen einer weiteren geringen Kaliummenge (Fig. 14) liegt es dann ungefähr an der in früheren Versuchen beobachteten Stelle, bei etwa 420 mµ. Das kurzwellige Maximum hat wohl seine Gestalt, aber nicht seine spektrale Lage geändert.

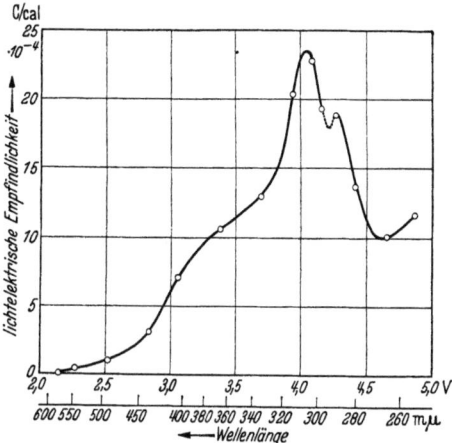

Fig. 11. Spektrale Empfindlichkeitskurve einer mit Naphthalin bedeckten Kaliumkathode unmittelbar nach der Herstellung.

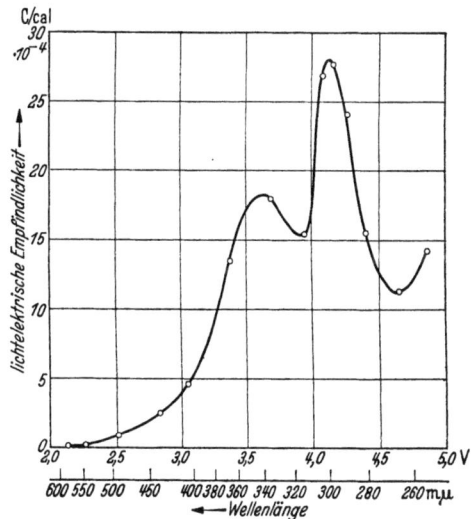

Fig. 12. Spektrale Empfindlichkeitskurve der Kathode in Fig. 11 unmittelbar nach dem Aufdampfen einer geringen Menge Kalium.

c) *Kalium- und Natriumkathoden mit Anthracen als Zwischensubstanz.* Um festzustellen, ob die Lage und Gestalt des kurzwelligen Maximums durch die Art der Zwischensubstanz bedingt ist, wurden schließlich noch einige Versuche durchgeführt, bei denen *Anthracen* als Dispersionsmittel diente.

Die *Ausbeute* an Photoelektronen war in diesem Falle, wie man aus den Fig. 15 bis 17 ersieht, bei den Kaliumkathoden um zwei, bei den Natrium-

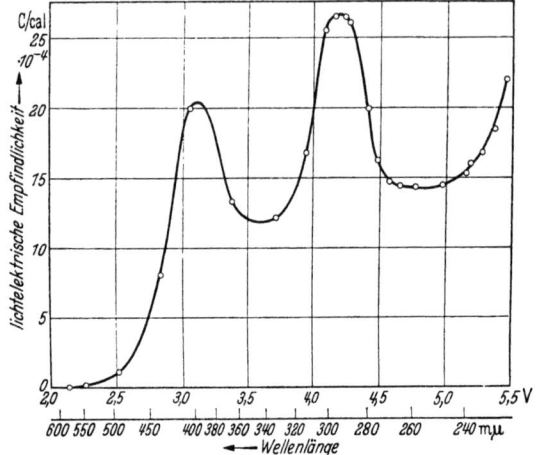

Fig. 13. Spektrale Empfindlichkeitskurve der K-Naphthalin-K-Kathode in Fig. 12 9 Tage nach der Herstellung.

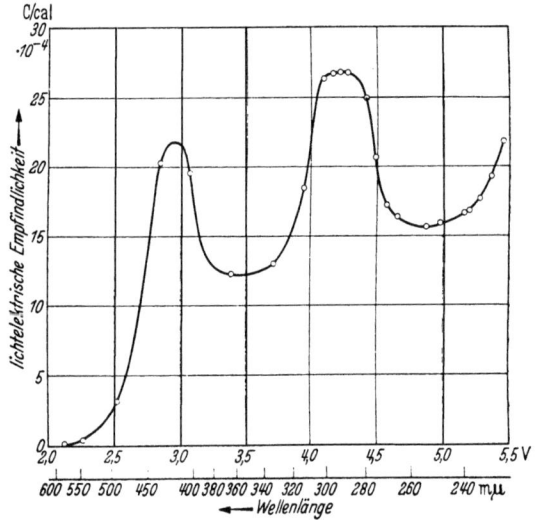

Fig. 14. Spektrale Empfindlichkeitskurve der K-Naphthalin-K-Kathode in Fig. 13 unmittelbar nach dem Aufdampfen einer weiteren geringen Menge Kalium.

kathoden um mehr als eine Zehnerpotenz kleiner als bei Verwendung von Naphthalin als Dispersionsmittel. Vor allem fällt jedoch auf, daß an Stelle des kurzwelligen Maximums jetzt eine *Reihe spektraler Maxima* auftritt,

Mehrfache spektrale Maxima an zusammengesetzten Photokathoden usw. 31

die sich wieder dadurch von dem langwelligen unterscheiden, daß sie, im Gegensatz zu diesem beim Abkühlen auf 83⁰ abs. keine spektrale Verschiebung nach kurzen Wellen erleiden, sondern nur schärfer hervortreten.

Das *langwellige* spektrale Maximum der K-Anthracen-K-Kathode (Fig. 15) liegt bei 418 mµ (2,95 Volt) und verschiebt sich bei Abkühlung auf 83⁰ abs. um 6 mµ (0,05 Volt). Das entsprechende der Na-Anthracen-Na-Kathode (Fig. 17) liegt bei 361 mµ (3,42 Volt) und verschiebt sich um 4 mµ (0,04 Volt). Das langwellige Maximum liegt also für K- und für Na-Kathoden bei Verwendung von Anthracen als Zwischensubstanz an ungefähr der gleichen Stelle wie bei Benutzung von Naphthalin, denn das langwellige Maximum der K-Naphthalin-K-Kathode lag bei 420 bis 434 mµ, das der Na-Naphthalin-Na-Kathode bei 349 mµ. Das langwellige

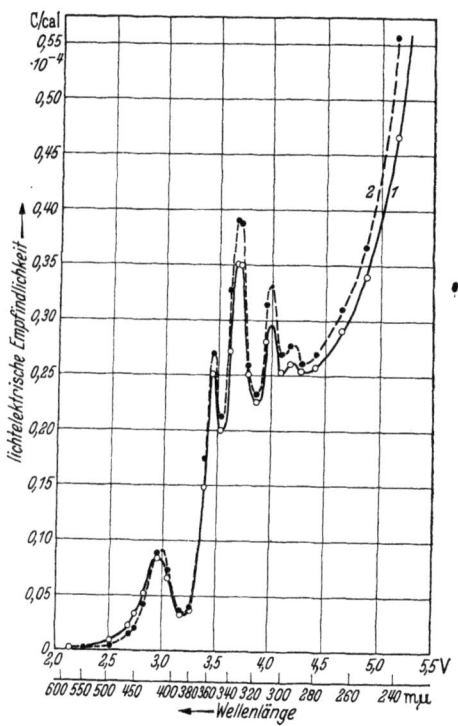

Fig. 15. Spektrale Empfindlichkeitskurve einer K-Anthracen-K-Kathode bei 293⁰ (1) und 83⁰ abs. (2).

Maximum, das durch an der Oberfläche der Zwischensubstanz adsorbiertes Alkalimetall hervorgerufen wird, ist also auch bei Verwendung von Anthracen als Dispersionsmittel, von diesem weitgehend unabhängig.

Das *kurzwellige* Maximum, das bei Verwendung von Naphthalin bei etwa 290 mµ lag, wird jetzt durch drei bis vier Maxima ersetzt. Diese liegen bei der K-Anthracen-K-Kathode (Fig. 15) bei 358 mµ (3,45 Volt), 335 mµ (3,69 Volt), 310 mµ (3,99 Volt), 294 mµ (4,20 Volt) und bei der Na-Anthracen-Kathode (Fig. 16) bei 333 mµ (3,71 Volt), 309 mµ (4,00 Volt), 280 mµ (4,42 Volt); bei der letzteren also etwas nach kurzen Wellen verschoben. Dampft man auf die Na-Anthracen-Kathode noch etwas Natrium in feiner Verteilung auf (Fig. 17), so überlagert sich das langwellige Natriummaximum bei 361 mµ und das kurzwellige Teilmaximum bei 333 mµ wird überdeckt; die beiden kürzerwelligen Maxima (309 und 280 mµ) sind noch vorhanden. Die K-Anthracen-Ka-Kathode zeigt die Überdeckung nicht, weil das langwellige Kaliummaximum einen größeren Abstand von den kurzwelligen Maxima besitzt als das langwellige Natriummaximum.

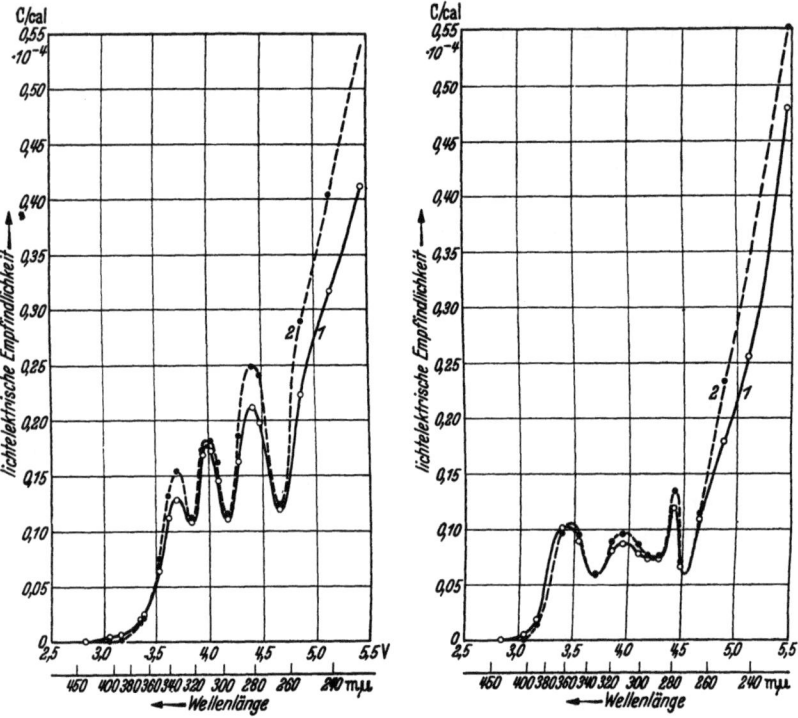

Fig. 16. Spektrale Empfindlichkeitskurve einer mit Anthracen bedeckten Natriumkathode bei 293° (1) und 83° abs. (2).

Fig. 17. Spektrale Empfindlichkeitskurve einer Na-Anthracen-Na-Kathode bei 293° (1) und 83° abs. (2).

Diese Versuche lassen erkennen, daß die Licht absorbierenden und Elektronen emittierenden *inneren* Zentren der zusammengesetzten Photokathoden nicht allein durch die eingelagerten *Alkalimetallatome* gebildet werden können, sondern daß auch das *Dispersionsmittel* an ihren Funktionen beteiligt sein muß.

d) Zusammenfassung der Versuchsergebnisse. Um einen Überblick über die Versuchsergebnisse zu erhalten, sind in Tabelle 1 und 2 die an den verschiedenen Kathoden erhaltenen „langwelligen" und „kurzwelligen" Maxima eingetragen, wobei das Dispersionsmittel (Zwischensubstanz) und die disperse Phase (Alkalimetall) angegeben sind; $\Delta\lambda$ bzw. ΔV bedeuten die Verschiebung des betreffenden „langwelligen" Maximums nach kurzen Wellen bei Abkühlung von 293^0 auf 83^0 abs.

Tabelle 1. Langwelliges spektrales Maximum (in mμ bzw. Volt) verschiedener zusammengesetzter Photokathoden bei Zimmertemperatur.

Alkali-metall	Zwischensubstanz											
	Alkalihydrid				Naphthalin				Anthracen			
	$m\mu$	$\frac{\Delta\lambda}{m\mu}$	Volt	ΔV	$m\mu$	$\frac{\Delta\lambda}{m\mu}$	Volt	ΔV	$m\mu$	$\frac{\Delta\lambda}{m\mu}$	Volt	ΔV
Na	365	6	3,38	0.06	349	9	3,54	0,09	361	4	3,42	0,04
K	427	11	2,89	0,08	434 bis 420	10	2,85 bis 2,94	0,07	418	6	2,95	0,05
Cs	353	8	3,50	0,08	349	6	3,54	0,06	—	—	—	—

Man ersieht aus Tabelle 1, daß das *langwellige* Maximum für das Alkalimetall charakteristisch ist und seine spektrale Lage kaum von der Zwischensubstanz beeinflußt wird. Es ist auf die an der Oberfläche der Zwischensubstanz adsorbierten Alkaliatome zurückzuführen und an der spektralen Verschiebung $\Delta\lambda$ (ΔV) bei Temperaturänderung zu erkennen. Die Zwischensubstanz ist für das Zustandekommen dieses Maximums nur insofern nötig, als sie durch schwache chemische oder Adsorptionskräfte die feine Verteilung des adsorbierten Alkalimetalls ermöglicht[1]) und dieses vom Trägermetall trennt, optische Funktionen erfüllt sie nicht.

Tabelle 2 läßt erkennen, daß das *kurzwellige* Maximum (bzw. bei Anthracen, die kurzwelligen Maxima) für die Zwischensubstanz charakteristisch ist und z. B. bei Alkalihydrid gar nicht beobachtet wird. Es zeigt bei Abkühlung keine spektrale Verschiebung und ist, wie die Ver-

Tabelle 2. Kurzwellige spektrale Maxima (in mμ bzw. Volt) verschiedener zusammengesetzter Photokathoden bei 293 und 83^0 abs.

Alkali-metall	Zwischensubstanz			
	Naphthalin		Anthracen	
	$m\mu$	Volt	$m\mu$	Volt
Na	291	4,24	333 309 280	3,71 4,00 4,42
K	290	4,25	358 335 310 294	3,45 3,69 3,99 4,20
Cs	294	4,20	—	—

[1]) R. Suhrmann, ZS. f. wiss. Photogr. **30**, 161, 1931; R. Suhrmann u. A. Schallamach, ZS. f. Phys. **79**, 153, 1932.

suche ergeben haben, auf innere Zentren zurückzuführen, die unter Mitwirkung des in die Zwischensubstanz eindiffundierten Alkalimetalls entstehen.

Bei der *Absorption* der Lichtquanten, die in Elektronenenergie übergeführt werden, dürfte die Zwischensubstanz eine Rolle spielen; entweder, indem ihre in der Nähe des Alkaliatoms befindlichen und durch dieses wahrscheinlich veränderten Moleküle Lichtquanten absorbieren und an das Alkaliatom weitergeben; oder dadurch, daß der Komplex Alkaliatom-Dispersionsmittelmolekül die durch das kurzwellige Maximum, bzw. die verschiedenen kurzwelligen Maxima gekennzeichnete Absorptionsbande besitzt. Diese Bande ist naturgemäß im lichtelektrisch gemessenen spektralen Maximum verändert, und zwar einerseits durch die Lichtabsorption des über dem Komplex befindlichen Dispersionsmittels und andererseits durch die Zunahme des Durchdringungsvermögens der Elektronen nach kurzen Wellen hin. Die Aufgabe der Zwischensubstanz beim Zustandekommen des kurzwelligen Maximums scheint der des *Sensibilisators* in der photographischen Platte sehr ähnlich zu sein.

Bei zusammengesetzten Photokathoden mit verhältnismäßig dicker Zwischensubstanzschicht könnte der äußere lichtelektrische Effekt sowohl an den äußeren wie auch an den inneren Zentren durch die *lichtelektrische Leitfähigkeit* der Zwischensubstanz in seiner spektralen Verteilung beeinflußt werden[1]). Allerdings dürften die spektralen Maxima der üblichen bei Zimmertemperatur untersuchten Photokathoden, z. B. der hydrierten Alkalikathoden, kaum durch lichtelektrische Leitfähigkeit der Zwischensubstanz hervorgerufen werden, denn wäre dies der Fall, so müßte der Photostrom durch *additive Belichtung* mit verschiedenfarbigem Licht merklich vergrößert werden können, weil sich die gemessene Empfindlichkeitskurve aus den beiden voneinander verschiedenen Empfindlichkeitskurven des äußeren und des inneren Photoeffekts zusammensetzen würde. Eine Erhöhung der lichtelektrischen Leitfähigkeit durch Belichten mit der Wellenlänge λ_1 ergäbe daher gleichzeitig eine Vergrößerung des *äußeren* Elektronenstromes in den übrigen Spektralgebieten, so daß die gleichzeitige Belichtung mit λ_1 und λ_2 mehr Elektronen ergäbe, als die Summe der mit λ_1 und λ_2 bei getrennter Belichtung erhaltenen Elektronenströme. Derartige Effekte wurden jedoch bisher an den üblichen selektiven Photokathoden bei Zimmertemperatur nicht beobachtet. Orientierende Versuche,

---

[1]) Vgl. J. H. de Boer, u. M. C. Teves, ZS. f. Phys. **74**, 604, 1932.; R. Suhrmann, Ergebn. d. exakt. Naturw. **13**, 192, 1934; ferner de Boer, Elektronenemission und Adsorptionserscheinungen, S. 252, 1937.

die wir an Kaliumhydridzellen ausführten und bei denen wir als Meßlicht einfarbiges *intermittierendes* Licht, als Zusatzlicht einfarbiges *Gleichlicht* benutzten und den erhaltenen intermittierenden Photostrom verstärkten, ergaben bei Zimmertemperatur einen Effekt von nur einigen Promille. Die Annahme von Kluge und Uhlmann[1]), der äußere selektive Effekt an zusammengesetzten Photokathoden komme aus der Überlagerung einer selektiven Lichtabsorption der oberflächlich adsorbierten Alkaliatome und einer selektiven lichtelektrischen Leitung zustande, wird daher in dieser allgemeinen Form nicht zutreffen. Selbst wenn man annimmt, daß der gesamte Elektronentransport durch die Zwischenschicht hindurch auf lichtelektrischer Leitfähigkeit beruht, kann man die obige Hypothese nicht aufrechterhalten. Denn auch in diesem Falle würde bei intermittierender Belichtung mit dem von den Alkaliatomen absorbierten Licht der Wellenlänge λ_1 eine (zusätzliche) Erhöhung der lichtelektrischen Leitfähigkeit und damit eine Vergrößerung des intermittierenden Elektronenstromes auftreten, wenn man gleichzeitig mit Gleichlicht der Wellenlänge λ_2 belichten würde.

Breslau, Phys.-Chem. Institut d. Techn. Hochschule und der Univ.

---

[1]) W. Kluge u. W. Uhlmann, ZS. f. techn. Phys. **17**, 431, 1936.

Über die lichtelektrische Anregung zusammengesetzter Photokathoden bei tiefen Temperaturen.

Von R. Suhrmann und A. Mittmann *).

Mit 13 Abbildungen. (Eingegangen am 8. August 1938.)

Die lichtelektrische Anregung der in der vorangehenden Arbeit[1]) untersuchten zusammengesetzten Photokathoden bei tiefer Temperatur durch Bestrahlung mit dem Licht der spektralen Maxima wird näher untersucht und gefunden, daß eine Anregung, die sich in einem Absinken der Empfindlichkeit äußert, bei allen Kathoden nur bei Bestrahlung mit dem Licht eines Maximums auftritt. — Da bei Bestrahlung einer angeregten Kathode mit langwelligem Licht zusätzliche Elektronen emittiert werden, deren Energie aus der Anregungsenergie stammen sollte, werden die Strom-Spannungskurven für langwelliges Licht im normalen Zustand und nach vorangehender Anregung aufgenommen. In der Tat ist das Maximalpotential der durch langwelliges Licht ausgelösten Elektronen im angeregten Zustand gegenüber dem im normalen Zustand um den Betrag der Anregungsenergie nach höheren Werten verschoben. — Die Empfindlichkeitskurve einer angeregten K-KH-K-Kathode weist im Ultrarot ein spektrales Maximum auf, das im normalen Zustand nicht vorhanden ist und das daher einer Absorptionsbande der angeregten Zentren zugeschrieben werden muß.

1. Einleitung.

Vor einigen Jahren berichteten De Boer und Teves[2]) über Versuche an zusammengesetzten Photokathoden mit dicken Caesiumoxyd-Caesium-Zwischenschichten zwischen dem Trägermetall (Silber) und den adsorbierten Caesiumatomen, die bei Zimmertemperatur einige bemerkenswerte *Sekundärerscheinungen* zeigten: Bei Stromentnahme sank die Empfindlichkeit der Kathoden, deren Strom-Spannungskurve schlecht gesättigt war, in der Nähe der langwelligen Grenze, und zwar um so stärker, je größer die Stromentnahme, je kurzwelliger das zur Bestrahlung verwendete Licht und je tiefer die Temperatur der Kathode war. Durch Ultraroteinstrahlung, Erwärmen oder Abwarten konnten die Ermüdungserscheinungen rückgängig gemacht werden. De Boer und Teves erklären den Ermüdungs-

---

*) D. 85. 2. Teil. — Vorgetragen auf der Festsitzung der Schlesischen Gesellschaft zu Breslau am 31. März 1938 aus Anlaß des 60. Geburtstages von Prof. Dr. Cl. Schaefer.

[1]) Unter der „*vorangehenden Arbeit*" wird im folgenden die im vorangehenden Heft veröffentlichte Arbeit der Verfasser verstanden: „Über den Ursprung der an zusammengesetzten Photokathoden beobachteten mehrfachen spektralen Maxima auf Grund von spektralen Empfindlichkeitskurven bei 293° und bei 83° abs." — [2]) J. H. de Boer u. M. C. Teves, ZS. f. Phys. **74**, 604, 1932.

effekt durch in der Zwischenschicht haften gebliebene Elektronen sowie dadurch, daß die durch Photoionisation an der Oberfläche gebildeten Caesiumionen durch das elektrische Feld nach innen gezogen werden, wodurch die Oberfläche an ionisierbaren Caesiumatomen verarmt.

Suhrmann und Dempster[1]) fanden an Kalium-Naphthalin-Kalium-Kathoden, die auf die Temperatur der flüssigen Luft abgekühlt waren, einen in mancher Beziehung ähnlichen Effekt, der sich aber doch in charakteristischer Weise von dem obigen unterscheidet und wohl auch ganz anders gedeutet werden muß, als dies De Boer und Teves für die von ihnen gefundenen Erscheinungen und De Boer[2]) für den von Suhrmann und Dempster beobachteten Effekt tun. Die Empfindlichkeit von eingekühlten K-Naphthalin-K-Kathoden und ebenso von K-Kaliumhydrid-K-Kathoden[3]) nimmt ebenfalls bei Bestrahlung ab, aber nur, wenn sie mit dem Licht eines *spektralen Maximums* belichtet werden. Die Empfindlichkeitsabnahme hängt nicht, wie bei De Boer und Teves, von der angelegten Anodenspannung, d. h. dem übergehenden Photostrom ab, sondern tritt um so deutlicher hervor, je größer die *Lichtintensität* ist. Eine stärkere Empfindlichkeitsabnahme ist nur an der Stelle der spektralen Maxima zu beobachten. Bestrahlt man mit dem Licht des kurzwelligen Maximums (290 mµ), so sinkt die Empfindlichkeit am kurzwelligen und am langwelligen Maximum (430 mµ), dagegen nimmt bei Bestrahlung mit dem langwelligen Maximum nur die Empfindlichkeit dieses Maximums ab.

Die Verfasser nehmen an, daß die Licht absorbierenden Zentren durch die Bestrahlung mit dem Licht der Maxima *angeregt* werden und damit eine Verminderung der lichtelektrischen Empfindlichkeit gekoppelt ist. Jedem spektralen Maximum entspricht ein Anregungszustand. Bei der Auslöschung der Anregung durch Rotbestrahlung beobachteten sie eine *zusätzliche Elektronenemission*, durch welche die Anregungsenergie in Elektronenenergie überführt wird. Die Verfasser konnten zeigen[3]), daß die Zahl der bei Rotausleuchtung erhaltenen zusätzlichen Elektronen gleich derjenigen ist, die beim *Erwärmen* (ohne Rotbelichtung) einer in gleicher Weise vorher angeregten Kathode emittiert wird.

Ist die obige Deutung der Erscheinung zutreffend, so müßten die Elektronen, die bei Rotbelichtung einer angeregten Kathode emittiert

---

[1]) R. Suhrmann u. D. Dempster, Phys. ZS. **35**, 148, 1934; ZS. f. techn. Phys. **15**, 549, 1934; ZS. f. Phys. **94**, 742, 1935. — [2]) J. H. de Boer, Elektronenemission und Adsorptionserscheinungen, S. 265, Berlin 1937. — [3]) R. Suhrmann. Jubiläumsfestschrift der Technischen Hochschule Breslau, S. 457, 1935.

werden, eine um die *Anregungsenergie*, also um $h \cdot \nu_a$ (ν_a = Frequenz des anregenden spektralen Maximums) *größere* Energie besitzen als die durch das gleiche rote Licht ausgelösten Elektronen ohne vorherige Anregung. Wir haben daher in den folgenden Versuchen die *Strom-Spannungskurven* bei Rotbelichtung einiger in der vorangehenden Arbeit behandelter Photokathoden im Gegenfeld aufgenommen, und zwar einmal *ohne* vorhergehende Anregung, ein andermal *nach* vorhergehender Anregung mit dem Licht eines spektralen Maximums. Außerdem wurde in einem Falle (einer K-Kaliumhydrid-K-Kathode) untersucht, ob die angeregten Zentren im roten Teil des Spektrums eine Absorptionsbande besitzen, bzw. ob die *Empfindlichkeitskurve* der *angeregten* Kathode dort ein spektrales Maximum (des äußeren Photoeffektes) aufweist, wie nach unserer Deutung zu erwarten ist.

Bevor wir die Strom-Spannungskurven bei Rotbelichtung ermittelten, nahmen wir jedesmal die spektrale Empfindlichkeitskurve auf (vgl. die vorangehende Arbeit), aus der die Lage der Maxima entnommen wurde. Außerdem untersuchten wir die Stärke der *Ermüdung* bei den mit verschiedenen Alkalimetallen und Zwischensubstanzen hergestellten Kathoden.

2. Versuchsanordnung und Meßmethode.

Die verwendete Photozelle war die gleiche wie in der vorangehenden Arbeit. Sie besaß einen elektrisch *heizbaren Wolframdraht* als Anode, der vor Beginn der Messungen kurz geglüht wurde, während die Photozelle bereits auf tiefe Temperaturen (83 oder 20° abs.) eingekühlt war. Hierbei dampfte das adsorbierte Alkalimetall ab und die Anode war im sichtbaren und ultraroten Spektrum lichtelektrisch unempfindlich, so daß die im Gegenfeld aufgenommenen Strom-Spannungskurven nach Berührung der Volt-Abszisse keinen negativen Ast bei weiterer Vergrößerung der (negativen) Anodenspannung aufwiesen (vgl. Fig. 6 bis 12).

Bei Aufnahme der *Strom-Spannungskurven* im Gegenfeld lag die Kathode am Fadenelektrometer. Zur Messung der Photoströme diente die Kondensator-Nullmethode[1]), bei der das Elektrometer und damit die Kathode auf dem Erdpotential bleiben, da die Auflading, während der eine bestimmte Zeit dauernden Belichtung, sofort kompensiert wird. Zwischen Kathode und Anode liegt deshalb stets das durch das Anodenpotential gegebene Potential, abgesehen vom Kontaktpotential, das während der Versuche ungeändert bleibt.

---

[1]) Vgl. Simon-Suhrmann, Lichtelektrische Zellen, S. 136, Berlin 1932.

Als *Lichtquelle* für die Aufnahme der Strom-Spannungskurven diente eine *rote Dunkelkammerlampe*, deren Emissionsmaximum bei der angewendeten Belastung bei 735 mµ lag. Mit einer Caesiumzelle konnte unterhalb von 560 mµ keine Aufladung größer als $1\,^0/_{00}$ der im Emissionsmaximum beobachteten gefunden werden. Die Messungen wurden mit möglichst geringer Lichtintensität und hoher Elektrometerempfindlichkeit ausgeführt, damit der Anregungszustand während der Messung möglichst wenig ausgelöscht wurde und der von dem roten Licht ausgelöste Elektronenstrom möglichst dem angeregten Zustand entsprach.

Vor jedem mit dem roten Licht erhaltenen Meßpunkt der „Strom-Spannungskurve im angeregten Zustand" wurde die Kathodenoberfläche mit der anregenden Wellenlänge solange bestrahlt, bis ein bestimmter *Anregungszustand* erreicht war, wie man an dem von dem Anregungslicht ausgelösten Photostrom erkennen konnte. Als anregende Strahlung diente eine innerhalb eines spektralen Maximums der Empfindlichkeitskurve der Kathode liegende Quecksilberlinie. Zur Anregung mit der blauen Hg-Linie 435,8 mµ verwendeten wir die Quecksilberlampe und das zugehörige Schottsche Filter. Bei Anregung mit den Hg-Linien 404,7, 365,5, 296,7 mµ wurden die einzelnen mit dem Monochromator durch doppelte Zerlegung erhaltenen Spektrallinien benutzt; bei 350 mµ das spektral zerlegte Licht einer Wolframbandlampe.

Die Aufnahme einer „*Strom-Spannungskurve im angeregten Zustand*" ging nun in folgender Weise vor sich: Zuerst wurde mit dem anregenden Licht bestrahlt, bis ein bestimmter Anregungszustand erreicht war. Dann wurde die rote Dunkelkammerlampe bis zu einem Anschlag vor das Zellenfenster geschoben und der von dem roten Licht bei einem bestimmten Anodenpotential ausgelöste Elektronenstrom gemessen. Dann wurde in der gleichen Weise angeregt und der von dem roten Licht bei einem negativeren Anodenpotential ausgelöste Elektronenstrom bestimmt usw. Das Gegenpotential, bei dem die Strom-Spannungskurve in die Abszisse einmündete, ergab schließlich — bis auf das Kontaktpotential — die maximale Elektronenenergie. Um die *Änderung* der maximalen Energie der „Rot-Elektronen" durch *Anregung* der Kathode bestimmen zu können, wurde in einem zweiten Versuch eine „*Strom-Spannungskurve im normalen Zustand*", also ohne vorhergehende Anregung, aufgenommen.

Bei der Ermittlung der *Ermüdungskurven* wurde die Kathodenoberfläche hintereinander mit der anregenden Strahlung eines spektralen selektiven Maximums belichtet und zwischendurch zu bestimmten Zeiten das Elektrometer wenige (gemessene) Sekunden entardet. Die hierbei erfolgende Auflandung des dem Elektrometer parallelgeschalteten Kondensators wurde währenddem kompensiert. Die Kompensationsspannung und die Auflandezeit ergaben den relativen Photostrom.

3. Versuchsergebnisse.

a) Anregungs-(Ermüdungs-)kurven. Besonders charakteristisch für die von De Boer und Teves an [Ag]-Cs_2O-, Cs-, Ag-Cs-Kathoden[1]) gefundene Ermüdungserscheinung ist nach diesen Autoren der *Wellenlängeneinfluß*, der sich darin äußert, daß die Empfindlichkeitsabnahme um so

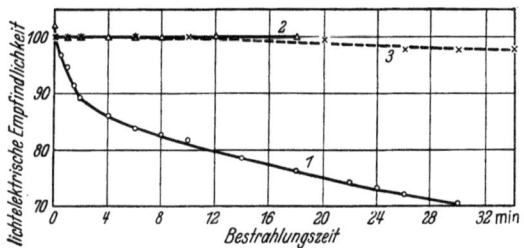

Fig. 1. Abnahme der lichtelektrischen Empfindlichkeit einer auf 83° abs. gekühlten K-KH-K-Kathode durch Bestrahlen.
Kurve 1: Gemessen bei 404,7 mμ, bestrahlt mit 404,7 mμ.
Kurve 2: Gemessen bei 296,7 mμ, bestrahlt mit 296,7 mμ.
Kurve 3: Gemessen bei 404,7 mμ, bestrahlt mit 296,7 mμ.

stärker ist, je kurzwelligeres Licht man zur Bestrahlung der Kathode verwendet. Im Gegensatz dazu konnte der von uns bei Abkühlung von K-Naphthalin-K-Kathoden beobachtete Anregungseffekt nur bei Bestrahlung mit dem Licht eines *selektiven Maximums* erhalten werden. Wir untersuchten daher zunächst, ob dies auch bei anderen zusammengesetzten Kathoden der Fall ist.

Fig. 1 zeigt das Ergebnis an einer K-KH-K-*Kathode*, in deren spektrales Maximum die Hg-Linie 404,7 mμ fiel, während 296,7 mμ im Minimum der Empfindlichkeit, also ganz außerhalb des Maximums lag. Da De Boer und Teves ihre Erscheinung auf in der Zwischenschicht haften gebliebene Elektronen zurückführen, weil sie eine Zunahme der Ermüdung mit wachsendem Elektronenstrom beobachteten, wählten wir in dem in Fig. 1 wiedergegebenen Versuch die Lichtintensitäten derart, daß die Elektronenströme bei Bestrahlung mit 404,7 und 296,7 mμ dieselben waren. Man sieht, daß eine Empfindlichkeitsabnahme wiederum *nur* im spektralen Maximum

---

[1]) In der Bezeichnung von de Boer: [Ag] bedeutet das Trägermetall; Zwischensubstanz ist Cs_2O mit eingelagerten Cs- und Ag-Atomen; Cs-Atome sind an der Oberfläche adsorbiert.

und nur bei Bestrahlung mit dessen Licht zu beobachten ist (Kurve 1 und 2). Bestrahlt man mit 296,7 mμ, so nimmt die Empfindlichkeit bei 404,7 mμ nicht ab (Kurve 3). Die geringfügige scheinbare Abnahme ist auf das Meßlicht zurückzuführen.

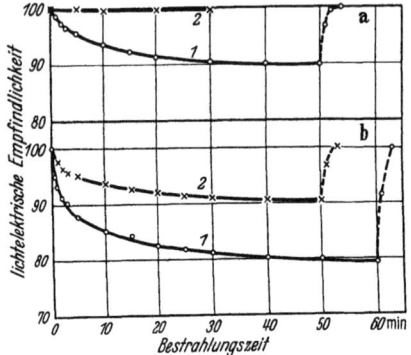

Fig. 2. Abnahme der lichtelektrischen Empfindlichkeit einer auf 83⁰ abs. gekühlten Cs-Naphthalin-Kathode (a) und einer auf 83⁰ abs. gekühlten Cs-Naphthalin-Cs-Kathode (b) bei 296,7 mμ (Kurve 1) und 350 mμ (Kurve 2) beim Bestrahlen mit der entsprechenden Wellenlänge. Gleiche anfängliche Photoströme bei beiden Wellenlängen. *Gestrichelt*: Empfindlichkeitszunahme durch Rotbestrahlung.

Auch die übrigen in der vorangehenden Arbeit untersuchten zusammengesetzten Photokathoden ergaben eine Abnahme der Empfindlichkeit nur beim Bestrahlen mit dem Licht der spektralen Maxima. Diesen Zusammenhang erkennt man besonders deutlich an den mit *Naphthalin* behandelten *Caesium*kathoden. Wie man aus Fig. 8 (I)[1]) ersieht, ergab eine mit Naphthalin bedampfte Cs-Oberfläche nur ein spektrales Maximum bei 294 mμ. Die Ermüdungskurve in Fig. 2a zeigt nun beim Bestrahlen mit 296,7 mμ ein schwache (Kurve 1), mit 350 mμ dagegen keine merkbare Anregung (Kurve 2) bei den entsprechenden Wellenlängen. In Fig. 9 (I) tritt nach dem Aufdampfen von Caesium das Maximum bei 294 mμ wesentlich steiler hervor, und gleichzeitig entsteht

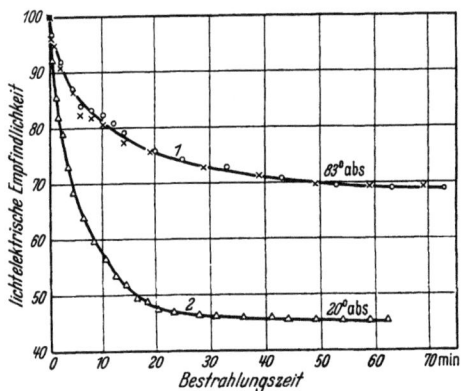

Fig. 3. Abnahme der lichtelektrischen Empfindlichkeit bei 404,7 mμ einer auf 83⁰ abs. (Kurve 1) und auf 20⁰ abs. (Kurve 2) gekühlten K-KH-K-Kathode beim Bestrahlen mit 404,7 mμ. Gleiche Lichtintensitäten; Verhältnis der anfänglichen Photoströme $i_{200}/i_{83^0} = 1{,}24$.

ein *neues* Maximum bei 349 mμ. Entsprechend fällt die mit 296,7 mμ erhaltene Anregungskurve in Fig. 2b jetzt wesentlich steiler ab (Kurve 1)

---

[1]) Mit (I) soll im folgenden die vorangehende Arbeit bezeichnet werden.

Lichtelektrische Anregung zusammengesetzter Photokathoden usw. 143

und die Bestrahlung mit 350 mμ ergibt eine deutliche Empfindlichkeitsabnahme (Kurve 2) auch bei dieser Wellenlänge. Beim Aufdampfen von Naphthalin auf die Cs-Naphthalin-Cs-Kathode verschwinden die beiden Maxima [Fig. 10 (I)] und es ist auch keine Ermüdung mehr zu beobachten. Während der angeregte Zustand von eingekühlten K-Naphthalin-K-Kathoden erhalten blieb, wenn sie auf 83⁰ abs. belassen wurden, nahm die Empfindlichkeit angeregter K - K H - K - Kathoden bei 83⁰ abs. mit der Zeit wieder etwas zu; offenbar genügten in diesem Falle die *Wärmestöße*, um die angeregten Zentren wieder in den Normalzustand überzuführen. Aus diesem Grunde fällt die bei 83⁰ abs. gemessene Anregungskurve in Fig. 3 (Kurve 1) weniger steil ab als die bei 20⁰ abs. aufgenommene. Der Endwert dem sich Kurve 1 annähert, ist dann erreicht, wenn die Zahl der in der Zeiteinheit neu angeregten Zentren gleich der Zahl der in der Zeiteinheit durch Wärmestöße wieder ausgelöschten Zentren ist.

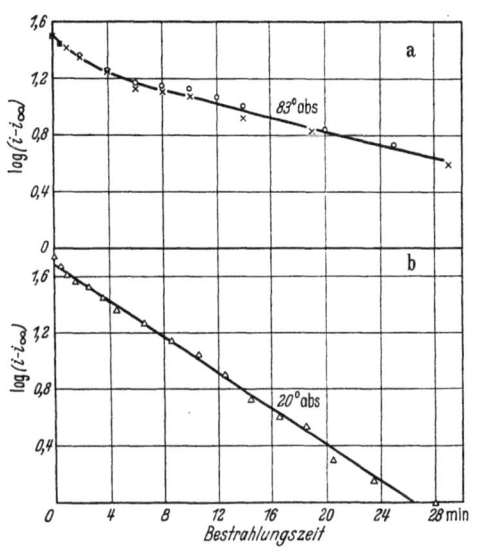

Fig. 4. Logarithmische Darstellung der Kurven in Fig. 3 nach Gleichung (1).
Kurve 1: $i_\infty = 68{,}9$; Kurve 2: $i_\infty = 45{,}3$.

In Kurve 2 dagegen bedeutet der Endwert (i_∞), daß alle anregbaren Zentren auch angeregt sind. Wie Suhrmann und Dempster zeigten, kann die Abhängigkeit des Photostromes i von der Bestrahlungszeit t in diesem Falle durch die Beziehung

$$i - i_\infty = (i_0 - i_\infty) \cdot e^{-k_1 \cdot t} \qquad (1)$$

dargestellt werden, in der i_0 der Anfangsstrom ist. Wird also die Anregung *nicht* z. T. durch Wärmestöße wieder aufgehoben, so muß $\log(i - i_\infty)$ linear mit t abfallen. Wie Fig. 4 erkennen läßt, trifft dies bei der bei 20⁰ abs. gemessenen Anregungskurve auch zu, während sich $\log(i - i_\infty)$ in der bei 83⁰ abs. gemessenen Ermüdungskurve besser durch eine gekrümmte Kurve als Funktion von t darstellen läßt.

b) Ermittlung der Anregungsenergie aus der Zunahme des Maximalpotentials der durch langwelliges Licht ausgelösten Elektronen. Werden die durch Bestrahlung mit dem Licht eines selektiven spektralen Maximums angeregten Zentren durch auslöschende langwellige Belichtung wieder in den Normalzustand versetzt, so sollte die Anregungsenergie an die bei der auslöschenden Belichtung zusätzlich emittierten Elektronen durch einen *Stoß zweiter Art* weitergegeben und die maximale Energie der bei langwelliger Belichtung emittierten Elektronen um die Anregungsenergie *vergrößert* werden. Um diese Folgerung zu prüfen, ermittelten wir bei einer

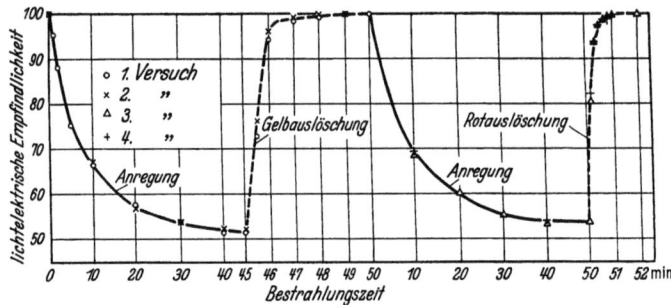

Fig. 5. *Ausgezogen*: Anregung einer auf 83⁰ abs. gekühlten Na-NaH-Na-Kathode durch Bestrahlen mit der Hg-Linie 365,5 mµ, gemessen bei 365,5 mµ. Gleiche Lichtintensität beim 1. und 2. sowie beim 3. und 4. Versuch. *Gestrichelt*: Auslöschung durch Bestrahlen mit der Hg-Linie 577,9 mµ, bzw. mit rotem Licht; gemessen mit 365,5 mµ.

größeren Anzahl von Kathoden die Strom-Spannungskurve im Gegenfeld für langwellige Belichtung, und zwar einmal *ohne*, ein andermal *mit* vorhergehender Anregung der Kathode.

Die Fig. 6, 7 und 8 enthalten zunächst die an hydrierten Natrium- Kalium- und Caesiumkathoden im Gegenfeld bei Gelb- bzw. Rotbelichtung aufgenommenen Strom-Spannungskurven, und zwar nur den untersten Teil, dessen Berührungspunkt mit der Voltabszisse das Maximalpotential V_m ergibt.

Als auslöschende langwellige Strahlung benutzten wir im allgemeinen, wie oben erwähnt, das Licht einer roten Dunkelkammerlampe. Nur im Falle der Na-NaH-Na-Kathode, deren Empfindlichkeit im Roten für die genauere Ermittlung der Strom-Spannungskurve im *unangeregten* Zustand nicht ausreicht, verwendeten wir die *gelbe* Hg-Linie 577,9 mµ. Daß deren Strahlung die Anregung auszulöschen vermochte, zeigt Fig. 5, die außerdem erkennen läßt, wie gut die Anregungskurve und damit der Anregungszustand bei Konstanthaltung der Intensität des anregenden Lichtes zu reproduzieren ist. Wurde also die Kathode vor der Aufnahme jedes Meßpunktes der „Strom-Spannungskurve im angeregten Zustand" gleich lange mit konstant bleibender Strahlung des spektralen Maximums angeregt,

Lichtelektrische Anregung zusammengesetzter Photokathoden usw. 145

so war jedesmal mit der Entstehung derselben Anzahl angeregter Zentren zu rechnen. Für die Auslöschung durch gelbes Licht sind bei dem Versuch in Fig. 5 etwa 4 Minuten, für die Rotauslöschung 1,5 Minuten erforderlich.

Für das Maximalpotential V_m gilt die Beziehung

$$V_m \cdot e_0 = h \cdot \nu - \Phi_K \cdot e_0 - V_{K,A} \cdot e_0, \quad (2)$$

in der ν die Frequenz des die Elektronen auslösenden Lichtes, Φ_K das Austrittspotential der Kathode und $V_{K,A}$ das Kontaktpotential der Kathode gegen die Anode bedeuten. Da

$$V_{K,A} = -(\Phi_K - \Phi_A) \quad (3)$$

ist, erhält man

$$V_m \cdot e_0 = h \cdot \nu - \Phi_A \cdot e_0. \quad (4)$$

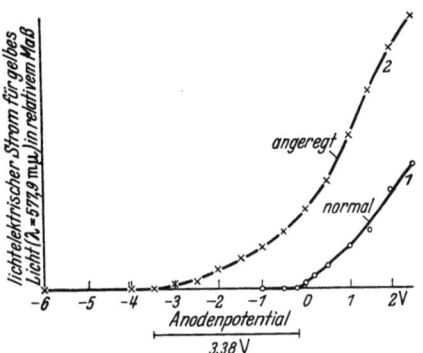

Fig. 6. Strom-Spannungskurven im Gegenfeld einer auf 83° abs. gekühlten Na-NaH-Na-Kathode bei Belichtung mit $\lambda = 577,9$ mµ. Kurve 1: Ohne vorhergehende Anregung. Kurve 2: Nach vorhergehender Anregung durch Bestrahlung mit der Hg-Linie 365,5 mµ.

Die Maximalenergie der ausgelösten Elektronen ist also außer von der Frequenz des auslösenden Lichtes nur von dem Austrittspotential Φ_A der *Anode* abhängig. Sollte sich das Austrittspotential der Kathode durch die Anregung mit dem Licht des spektralen Maximums ändern, so hat dies auf V_m keinen Einfluß.

Im folgenden wollen wir unter V_m^* das im *angeregten*, unter V_m das im *normalen* Zustand bei Belichtung mit der Frequenz ν erhaltene Maximalpotential verstehen. Dann sollte nach unseren obigen Überlegungen gelten

$$\Delta V_m \equiv V_m^* - V_m = \frac{h \cdot \nu_a}{e_0} = \frac{h \cdot 3 \cdot 10^{10}}{e_0} \cdot \frac{1}{\lambda_a}, \quad (5)$$

wenn ν_a die Frequenz, λ_a die Wellenlänge des anregenden Lichtes bedeuten. Für die zur Anregung benutzten Wellenlängen ergeben sich daher als ΔV_m-Werte:

λ_a	435,8 mµ	404,7 mµ	365,5 mµ	350 mµ	296,7 mµ
ΔV_m	2,83 Volt	3,05 Volt	3,38 Volt	3,53 Volt	4,16 Volt

Da das spektrale Maximum der Na-NaH-Na-*Kathode*, wie man aus Fig. 2 (I) und Tabelle 1 (I) entnimmt, bei 83° abs. bei 359 mµ liegt, wurde diese Kathode mit der Hg-Linie 365,5 mµ angeregt. Wie man aus Fig. 6 erkennt, wird V_m hierdurch von $V_m = 0,15$ bis $V_m^* = 3,50$ Volt, also um und 296,7 mµ an und erhielten trotz der verhältnismäßig großen Unterschiede der Anregungsenergien mit den berechneten übereinstimmende ΔV_m-Werte (Fig. 11a und 11b). Die V_m-Werte der unangeregten Kathode sind innerhalb der Fehlergrenzen dieselben.

Die Empfindlichkeitskurve der Cs-*Naphthalin*-Cs-*Kathode* in Fig. 12 ist aus Fig. 9 (I) zu ersehen. Ihre Maxima liegen bei 83° abs. bei 343 und 294 mµ. Die Kathode wurde mit 350 und 296,7 mµ angeregt. Auch in diesem Falle stimmen die gemessenen und berechneten ΔV_m-Werte und ebenso die beiden V_m-Werte der Kathode im normalen Zustand untereinander überein, wie Fig. 12a und 12b erkennen lassen. Die Versuchsergebnisse[1]) zeigen also durchweg, daß bei den untersuchten Kathoden die Anregungsenergie auf die bei langwelliger (auslöschender) Bestrahlung emittierten Elektronen übergeht.

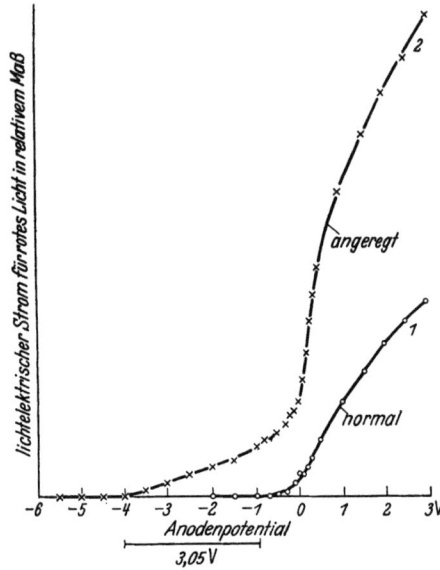

Fig. 10. Strom-Spannungskurven im Gegenfeld einer auf 83° abs. gekühlten K-Naphthalin-K-Kathode bei Belichtung mit rotem Licht. Kurve 1: Ohne vorhergehende Anregung. Kurve 2: Nach vorhergehender Anregung durch Bestrahlung mit der Hg-Linie 404,7 mµ.

c) *Empfindlichkeitskurve einer angeregten K-KH-K-Kathode.* Da die Auslöschung der Anregung durch Bestrahlung mit langwelligem Licht mit der Emission *zusätzlicher Elektronen* verbunden ist, erfährt die Kathodonoberfläche durch die Anregung eine Empfindlichkeits*zunahme* im langwelligen Spektralgebiet. Es ist also zu erwarten, daß die anregungsfähigen Zentren im angeregten Zustand im langwelligen Spektralgebiet eine Absorptionsbande besitzen, der ein *spektrales Maximum* in der lichtelektrischen Empfindlichkeitskurve der *angeregten* Kathode entsprechen sollte. Wir haben daher diese Kurve für eine K-KH-K-Kathode bis ins kurzwellige Ultrarot verfolgt und in der Tat ein solches Maximum gefunden. Die ver-

---

[1]) An den Kathoden mit Anthracen-Zwischenschichten der vorangehenden Arbeit konnten wir die Strom-Spannungskurven bei Rotbelichtung im unangeregten Zustand nicht messen, da die Empfindlichkeit dieser Kathoden zu klein war.

Lichtelektrische Anregung zusammengesetzter Photokathoden usw. 149

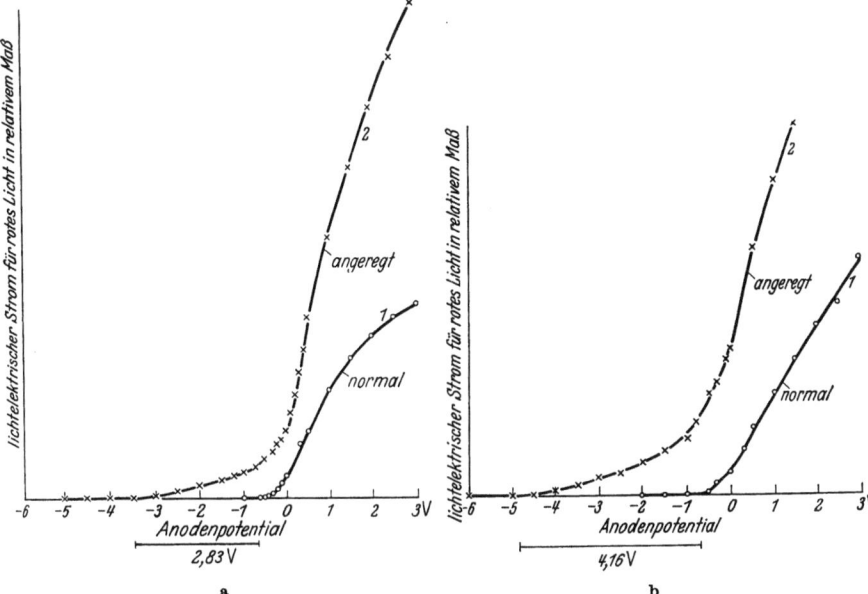

Fig. 11. Strom-Spannungskurven im Gegenfeld einer auf 83⁰ abs. gekühlten K-Naphthalin-K-Kathode bei Belichtung mit rotem Licht. Kurve 1: Ohne vorhergehende Anregung. Kurve 2: Nach vorhergehender Anregung durch Bestrahlung mit der Hg-Linie 435,8 mμ (Fig. 11a) bzw. 296,7 mμ (Fig. 11b).

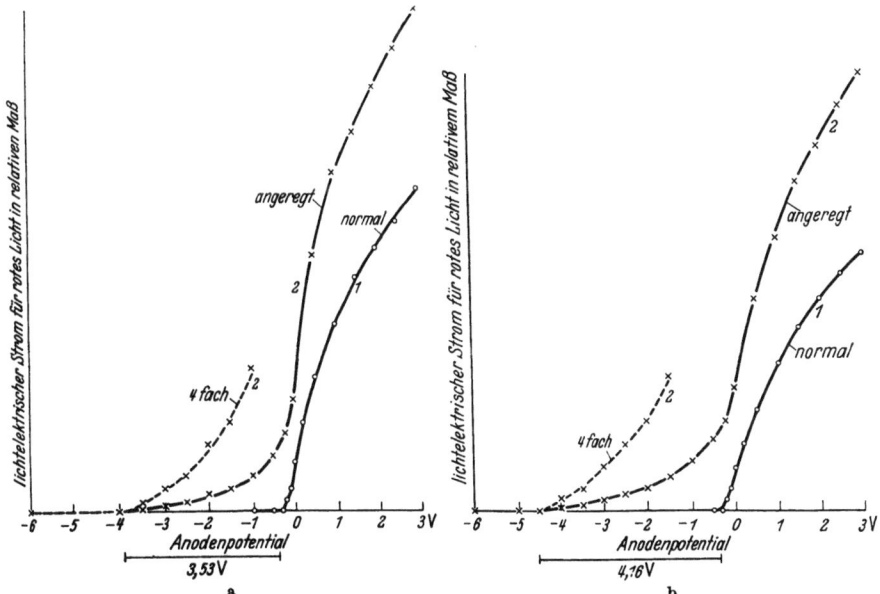

Fig. 12. Strom-Spannungskurven im Gegenfeld einer auf 83⁰ abs. gekühlten Cs-Naphthalin-Cs-Kathode bei Belichtung mit rotem Licht. Kurve 1: Ohne vorhergehende Anregung. Kurve 2: Nach vorhergehender Anregung durch Bestrahlung mit 350 mμ (Fig. 12a) bzw. 296,7 mμ (Fig. 12b).

wendete Kathode war für unsere Zwecke besonders geeignet, weil sie im normalen Zustand nur *ein* spektrales Maximum aufweist [1]).

Für die Ermittlung der Intensität des auffallenden Lichtes im Rot und Ultrarot benutzten wir eine Thermosäule an Stelle einer Vergleichszelle. Als Lichtquelle diente eine Wolframlampe.

Die erhaltene Empfindlichkeitskurve der auf 83^0 abs. gekühlten Kathode im normalen und angeregten Zustand gibt Fig. 13 wieder. Vor der Auf-

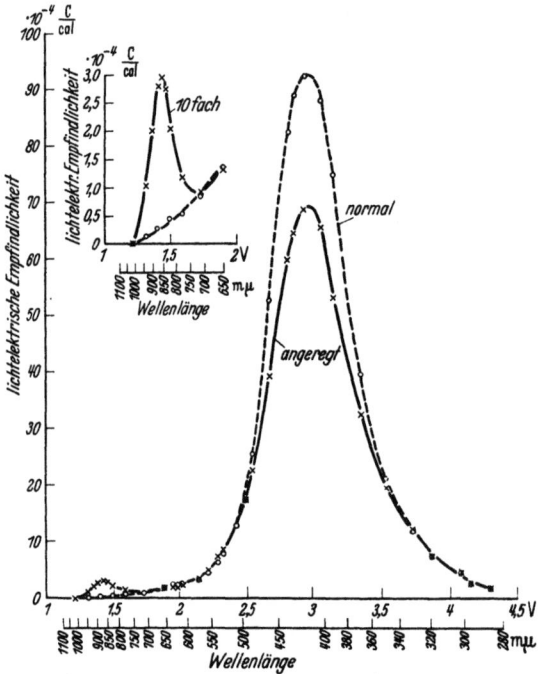

Fig. 13. Spektrale Empfindlichkeitskurve einer auf 83^0 abs. gekühlten K-KH-K-Kathode im angeregten Zustand (nach Bestrahlung mit der Hg-Linie 435,8 mu) und im normalen Zustand (nach Ausleuchtung mit rotem Licht).

nahme der ,,Kurve im angeregten Zustand" wurde die Oberfläche 40 Minuten lang mit dem Licht der Hg-Linie 435,8 mμ bestrahlt, vor der Ermittlung der ,,Kurve im normalen Zustand" wurde sie 5 Minuten lang (an der Stelle des Maximums nach jedem Meßpunkt) mit rotem Licht ausgeleuchtet. Man sieht, daß die Empfindlichkeit an der Stelle des spektralen Maximums

---

[1]) Außerdem war sie im Roten verhältnismäßig empfindlich, vermutlich weil der bei der Herstellung durch das Palladiumröhrchen diffundierte Wasserstoff aus den in der vorangehenden Arbeit erwähnten Gründen nicht ganz rein war. Für unsere Zwecke war dies belanglos.

bei 416 mµ (2,97 Volt) durch die Anregung absinkt und daß dafür bei 869 mµ (1,42 Volt) ein *neues* Maximum entsteht, das der Absorptionsbande der angeregten Zentren im Ultrarot entspricht.

Dieser Befund zeigt wiederum deutlich, daß die Anregung der gekühlten zusammengesetzten Photokathoden durch Bestrahlung mit dem Licht des spektralen selektiven Maximums sehr verschieden ist von den von De Boer und Teves gefundenen Ermüdungserscheinungen der auf Zimmertemperatur befindlichen, mit adsorbierten Caesiumatomen versehenen Salzschichten. Während derartige Kathoden eine *Abnahme* der Empfindlichkeit an der langwelligen Grenze und eine damit verbundene Erhöhung der Austrittsarbeit bei Ermüdung aufweisen, erfährt die Empfindlichkeit der von uns untersuchten Kathoden an der langwelligen Grenze und besonders im Ultrarot durch die anregende Bestrahlung eine Zunahme.

Für die Unterstützung dieser und der vorangehenden Arbeit durch die Bewilligung eines Sachkredits danken wir der Deutschen Forschungsgemeinschaft.

Breslau, Physikal.-Chem. Institut der Techn. Hochschule u. d. Univ.

Lebenslauf.

1908 geboren in Breslau — Mittelschule, 1923 Einjähriges. — Lehrzeit bei A. Müller, Bauschlosserei Breslau, 1926 Gesellenprüfung. — Besuch der Kunstgewerbeschule Breslau. Daran anschließend Privatschule (Oberrealschule), 1929 Reifeprüfung.

Ab W.-Semester 1929 Technische Hochschule Breslau, Fachrichtung Physik. Ostern 1932 Vorexamen. Vorbereitung auf das Diplom-Hauptexamen nach Studienplan: Theoretische Physik, Experimentalphysik, Chemie, Physikalische Chemie, Elektrochemie und Elektromaschinenbau. — Experimentelle Arbeiten unter Professor Dr. E. Waetzmann auf akustischem und lichtelektrischem Gebiet. — 1933 experimentelle Diplomarbeit auf lichtelektrischem Gebiet.

Frühjahr 1933 Reichswehrkursus. Sommer 1933 Wehrsportkursus und -lager der Studentenschaft. Eintritt in die SA.

Ostern 1934 Diplom-Hauptprüfung mit Sehr gut. Danach Beginn der Dr.-Arbeit unter Professor Dr. R. Suhrmann auf lichtelektrischem Gebiet. Fortbildung in Physik und Phys.-Chemie durch Teilnahme an Seminaren. — 1936 Beendigung des experimentellen Teiles der Dr.-Arbeit. März 1937 mündliche Dr.-Prüfung auf Grund der vorgelegten Dissertation, die in vorstehenden zwei Teilarbeiten in der „Zeitschrift f. Physik" veröffentlicht wurde.

Frühjahr 1937 freiwillige Vier-Wochen-Übung in der Wehrmacht. Danach Antritt einer Stellung als Physiker bei der Firma Deutsche Telephonwerke und Kabelindustrie A. G. Berlin.

MIX
Papier aus verantwortungsvollen Quellen
Paper from responsible sources
FSC® C105338

If you have any concerns about our products,
you can contact us on
ProductSafety@springernature.com

In case Publisher is established outside the EU,
the EU authorized representative is:
**Springer Nature Customer Service Center GmbH
Europaplatz 3, 69115 Heidelberg, Germany**

Printed by Libri Plureos GmbH
in Hamburg, Germany